气象百问

超级风

福建省气象学会 / 福建省气象宣传科普教育中心◎编著

图书在版编目（CIP）数据

气象百问．超级风 / 福建省气象学会，福建省气象宣传科普教育中心编著．-- 北京：气象出版社，2020.11

ISBN 978-7-5029-7319-3

Ⅰ．①气…　Ⅱ．①福…　②福…　Ⅲ．①气象学—儿童读物　②风—儿童读物　Ⅳ．① P4-49 ② P425-49

中国版本图书馆 CIP 数据核字（2020）第 222099 号

气象百问——超级风

Qixiang Baiwen—— Chaoji Feng

出版发行： 气象出版社

地　　址： 北京市海淀区中关村南大街 46 号　　**邮政编码：** 100081

电　　话： 010-68407112（总编室）　010-68408042（发行部）

网　　址： http://www.qxcbs.com　　**E-mail：** qxcbs@cma.gov.cn

责任编辑： 颜娇珑　邵华　　**终　　审：** 吴晓鹏

责任校对： 张硕杰　　**责任技编：** 赵相宁

封面设计： 博雅锦

印　　刷： 中国电影出版社印刷厂

开　　本： 889 mm×1194 mm　1/32　　**印　　张：** 3.75

字　　数： 85 千字

版　　次： 2020 年 11 月第 1 版　　**印　　次：** 2020 年 11 月第 1 次印刷

定　　价： 20.00 元

《气象百问——超级风》编委会

森林村的居民

小灵狐

健康、活蹦乱跳的小狐狸。
性格开朗，聪明，贪玩，
爱冒险，有点小淘气。
常进行有惊无险的
即兴表演。

蜜蜜

认真负责、活泼健康，
热爱气象知识、喜欢运动
的可爱小蜜蜂。
她是森林村气象站的观测员。

瘦瘦猴

森林村的小发明家，
喜欢打游戏、玩滑板和吃香蕉。
他是森林村气象站的预报员。

燕博士

亲切和蔼、努力钻研，
她是精通气象也熟悉生活
常识的年轻博士。

唧唧喳喳

特别爱说闲话的姐弟，
爱煽风点火、搬弄是非。
姐姐唧唧嫉妒心强、爱臭美；
弟弟喳喳是姐姐的小跟班，
常常受到姐姐的欺负。

大笨龙

憨厚、老实、勇敢的大力士，
反应和说话都比较慢。
在小伙伴遇到危险的时候，
总是挺身而出保护他们。

跳跳鼠

长相可爱的小松鼠。
小冒失鬼和贪吃鬼，
喜欢储藏食物。

羊爷爷

森林村的长者。
慈祥、有点固执的老爷爷，有
丰富的民间气象经验。

森林村的居民

三色犬

脾气暴躁、头脑简单、四肢发达，
自私自利、喜欢欺负弱小，
是唧唧喳喳的老大。

兔美眉

胆小、爱哭、敏感，
多愁善感、爱做梦，
喜欢打扮自己的漂亮小兔子。

勤劳、任劳任怨，
快乐、无私的小蚂蚁。

海龟宝宝

天真、善良、聪明的小海龟，
充满好奇心，喜欢交朋友。

瘦瘦猴发明的盒子型机器人，
燕博士的好助手，
拥有丰富的气象知识储备。

目录
CONTENTS

目录

CONTENTS

什么是龙卷？
扫描二维码
观看本集动画

好吃，真好吃！
Z Z Z Z
Z Z Z Z
吼
啊！
发……发生什么事了？
你们刚才有听见一个奇怪的声音吗？
什么声音？
我确定了，这是大象的声音。
大象来了！
吼

吼吼！

啊！

啊！那是什么？

这……这就是大象！

这头大象的鼻子竟然
从云层里伸出来。
这大象好大啊！

它好像向着
我们冲过来了！

快跑！

……这神象的力量非常巨大，
它能将一切东西都吸到鼻子里，
并且将它们带到很远很远的地方。
此时，羊爷爷正在给小灵狐讲故事……

这神象真有意思，
要是能让我碰上就好了。

最好不要碰上啊！
传说中这神象所到之处，
就有巨大的灾难！

要是神象来了，
能把我带到很远的地方，
那多有意思啊！

啊！

呀！

砰！

你们俩在干什么？
都不看路的吗？

不好了！快跑啊！
大象来了。

大象来了，太好了！
我还发愁看不到呢！

不是不是，
是天上的巨象，
天上的巨象要来了。
什么？天上的巨象，
你们是不是想听听神象
的故事啊！
不是故事！看！就是那只巨象，
它朝我们这儿来了，快跑啊！
啊！

那个大象的鼻子
好大，好可怕！

传说中灭亡之神象
竟然出现了！
灾难要降临啦！

小灵狐，你上哪去？
我有重要的事情，
你们快躲起来。

我们赶紧回村里，
通知大家去避难。

这个龙卷是往东北方向去的，
森林村应该很安全。咦？那个是……

那是小灵狐的流星号！

他怎么往龙卷那儿去了，
糟糕，这样很危险的。

我得想办法，把这巨象
引到别的地方去。

小灵狐，你在干什么？
快离开那里！

蜜蜜，你们快躲起来！
天上的神象来毁灭
村子了。

雷雨云

龙卷

小灵狐，快回来，那是龙卷，不是什么神象。
龙卷是一种天气现象，它一般出现在春天、夏天或秋天，
如果天上有强烈的雷雨云，就容易出现龙卷。

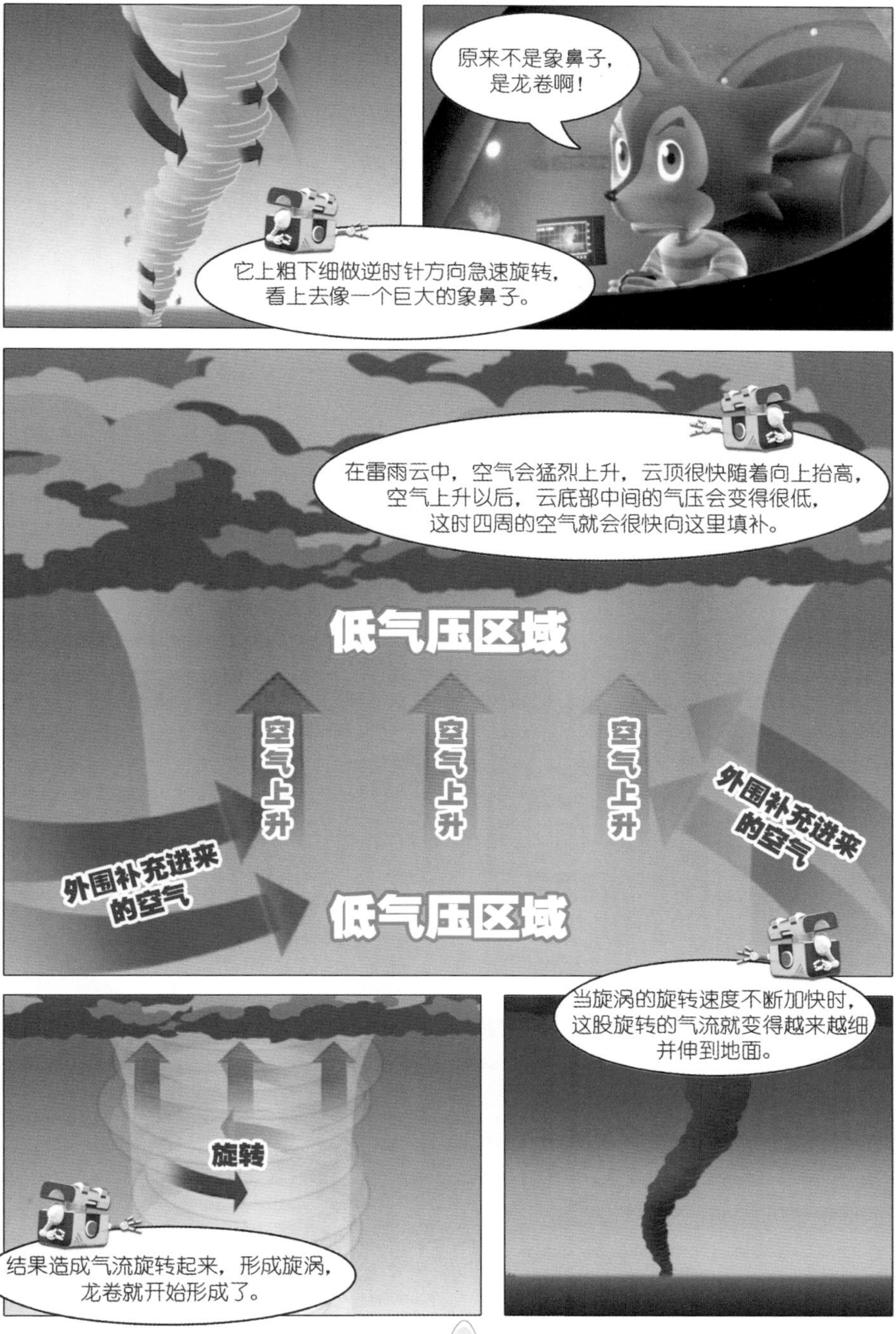

原来不是象鼻子，
是龙卷啊！
它上粗下细做逆时针方向急速旋转，
看上去像一个巨大的象鼻子。

在雷雨云中，空气会猛烈上升，云顶很快随着向上抬高，
空气上升以后，云底部中间的气压会变得很低，
这时四周的空气就会很快向这里填补。
低气压区域
空气上升
空气上升
空气上升
外围补充进来的空气
外围补充进来的空气
低气压区域

旋转
结果造成气流旋转起来，形成旋涡，
龙卷就开始形成了。

当旋涡的旋转速度不断加快时，
这股旋转的气流就变得越来越细
并伸到地面。

在地面产生非常强的旋转风。
这次龙卷来得快，去得也快，不会对我们村子产生什么影响。小灵狐，快回来！

啊！
流星号离龙卷太近了，差点被卷进去

小灵狐！小心！

一定要冲出去！看我的厉害！啊！

逃出来了，好险啊！差点被卷进去。

天才小灵狐总能
化险为夷，哈哈！

你呀！下次别再做
这么危险的事情了！

第三天……
哦？原来是这样啊！

我们把龙卷错当成巨象了。

都是跳跳鼠的错，
还说自己见过大象呢。

可是那就是大象的叫声啊！
很可怕的声音！

啊！刚才就是这个声音！

吼！

好可怕的声音！
难道这次是真的大象？

瘦瘦猴？你怎么在这？
你有没看到一只大象？
大象？

我发明的这个万能
声音模拟机，可以
模拟大象的叫声。

原来大象的声音是
这个机器发出来的，
真是虚惊一场啊！

哈哈哈哈！
完

龙卷的威力有多大？

扫描二维码
观看本集动画

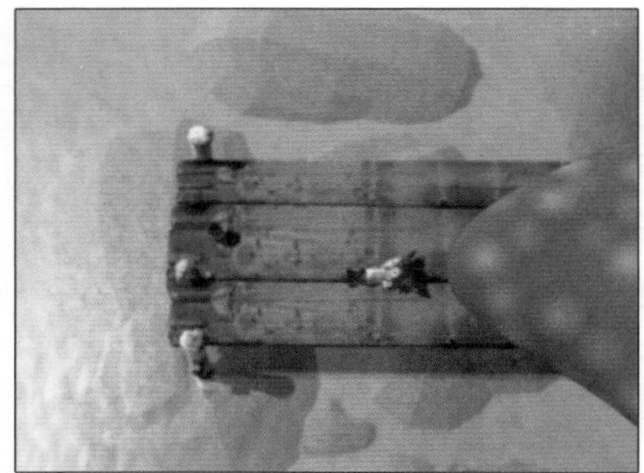

哎，
鱼儿怎么老是不上钩呢？

铃

还是条大鱼。

啊！什么东西？
小灵狐，我来了。

海龟宝宝你撞死我了！
对了，我的大鱼呢？

哪有什么鱼嘛，
你钓的是我啊！

小灵狐，
我们一起玩吧！

没空没空，
我一条鱼都没钓到呢！

天上要能掉下大鱼，
那该有多好啊！

砰！
好痛啊！
谁拿东西砸我？

小灵狐，是鱼！
从天上掉下来的鱼。

哈哈！
是鱼，是鱼！

天上
真的掉鱼了。

美梦
成真啦！

小灵狐，
今天的收获不错啊！

那是，你看，
都是我钓的，
哈哈！

瞎说！
这些鱼都是由龙卷从海中吸起来，
飘到这里以后再落下来的。

什么？
龙卷送来的鱼？

原来龙卷能把海里的鱼
带到这么远啊！

是啊！
你们看了我的资料就知道了。

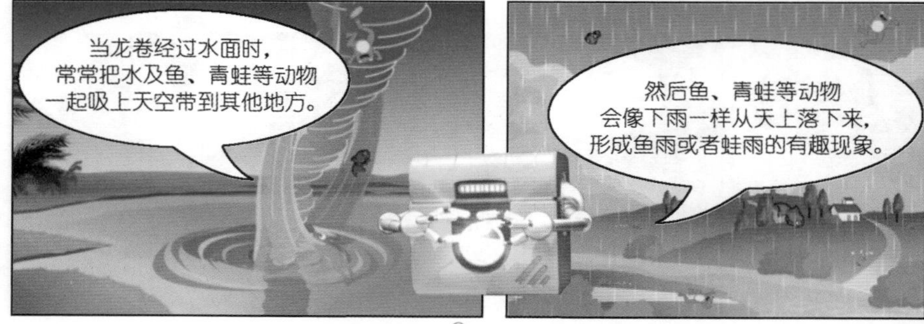
当龙卷经过水面时，
常常把水及鱼、青蛙等动物
一起吸上天空带到其他地方。
然后鱼、青蛙等动物
会像下雨一样从天上落下来，
形成鱼雨或者蛙雨的有趣现象。

龙卷太棒了!
今天是鱼雨,
下回来个什么肉雨吧!

这种事情可不是常有的。

我们捡了这么多鱼,
去找大笨龙一起吃吧!

好啊!
他最近天天忙着他的果树林,
我们去给他送好吃的!

怎么回事?

这总不会是石头雨吧?
不是,
是从树林里飞出来的。

可哪来的石头？

砰！

大笨龙，你在做什么啊？

嘿！

你干嘛要扔石头？

我要报仇！
我要锻炼！

这是怎么回事？

这些树怎么倒了？

原来你把这些树木都砸坏了，
我不和你玩了！

我同意，
我也不和你玩了。

这不是我干的！

刚才你举着石头到处扔，
我们都看见了。

我扔石头是我生气，
我怎么会砸我的果树呢？

那这些树是怎么回事？

我也不知道啊，昨天还是好好的。

好啦，你们别吵了。
这个果树林真的不是大笨龙砸的。

那是谁砸的呢？

你们看这些树是被折断的，
大笨龙虽然力气大，
也折不断这么多这么粗的果树。

我知道凶手力气大，
所以我练习扔大石头，好对付它。

那凶手是谁？

我一定要抓到它，
可我现在还对付不了它。

大笨龙，你别难过，
破坏果树的不是什么凶手，
而是龙卷！

龙卷？

龙卷不是给我们送大鱼的吗？
怎么会砍树呢？

龙卷除了带来有趣的现象，
它破坏力也非常可怕。

大多数龙卷的风速
可以达到每秒30～50米。

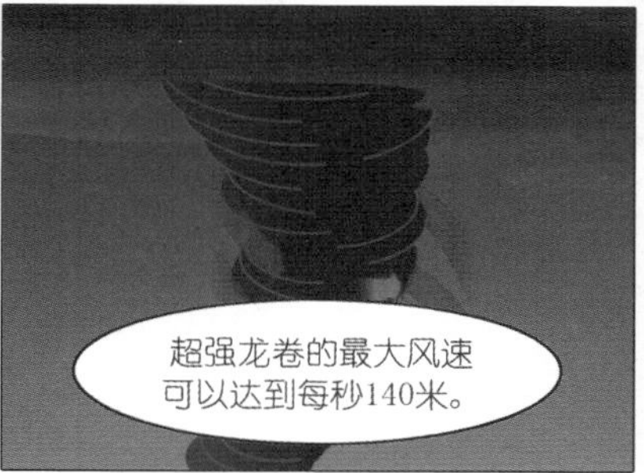
超强龙卷的最大风速
可以达到每秒140米。

这种强风
可以把大树连根拔起。

可以把房屋吹散。

可以把汽车吹得在地上翻滚。

甚至可以把火车掀翻。

龙卷真的很可怕!

原来果树是龙卷破坏的，
对不起，我们应该相信你的。

对不起，笨龙哥哥。

我也不应该乱扔石头，
我种的果树都被龙卷摧毁了。

没关系，我们把树扶正，
再栽上很多新树苗。

你们不是找大笨龙吃鱼的吗？

鱼！

对对对，我们先吃烤鱼，
然后一起种。

哈 哈 哈！
完

如何躲避龙卷
扫描二维码
观看本集动画

嘀
嘀
哈哈！有了这个装置咱们
一定能拍出一部好电影！

咻~

咦？

?
他们上碎石山
去做什么呀？

碎石山

翻翻
找找~

嘿嘿，找到
啦！最好吃
的小红果！

哎哟！
啪！

让我先吃！

是我找到的，
应该我来吃！

掉落~

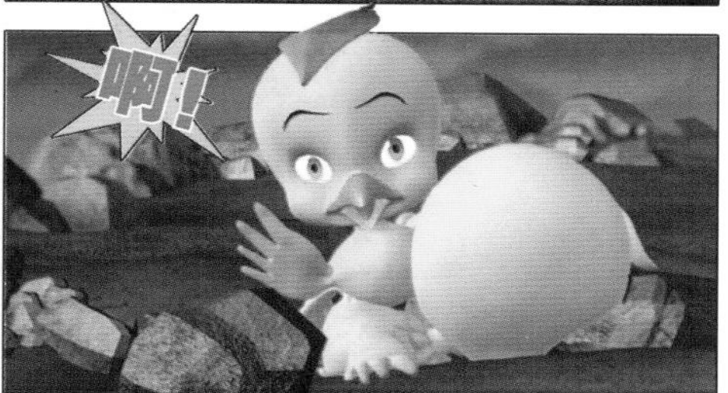
啊！

扑！
我的小红果！
砰！

哎哟……

哈哈哈！我
要把你的傻样
子拍下来！
咔嚓！

咦？

龙卷！

可咱们一直在观测，
没发现龙卷呀？

是不是观测仪
器出故障了？

眼看龙卷
就要来了，我们
该躲到哪去呢？

不要紧张！
虽然龙卷的威力很可怕，
但只要我们采取正确的方法，
就能够避免它的伤害。

龙卷发生在地面的时
候，最安全的地方是由
混凝土建造的地下室。

龙卷有跳跃前进的特点，
往往是一会儿着地，一会儿腾空。

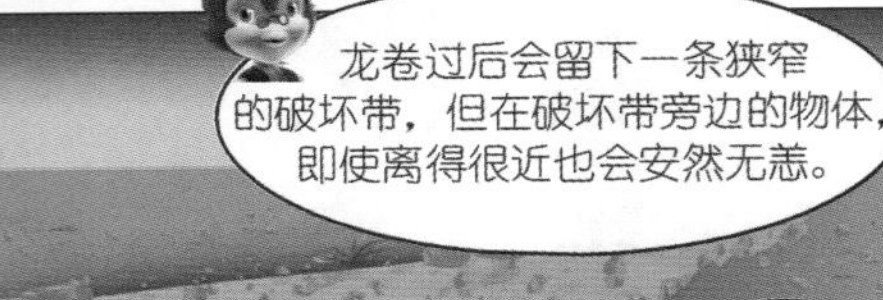
龙卷过后会留下一条狭窄的破坏带，但在破坏带旁边的物体，即使离得很近也会安然无恙。

所以我们在遇到龙卷的时候要镇定自若，积极想办法躲避。

混凝土建造的地下室是躲避龙卷的最佳地点。

没有地下室的时候，应该尽量往低处走，尤其不能待在楼房高处。

另外相对来说，小房间和密室要比大房间安全多了。

气象观测站下就有个地下室。
那我就放心了！

这两个家伙去碎石山玩也不叫我！

你说谁去碎石山了？
是小灵狐和瘦瘦猴

糟糕！他们有危险！

喂！小灵狐！你们没事吧？遇到龙卷了吗？

龙卷？
没有啊？这风平浪静的。

博士您放心！我们开着车不会有事的！

你们可千万别大意了！虽然你们开着车，但龙卷可以将沿途的汽车和人吸起来卷到高处。

而且龙卷中心气压非常低，如果汽车正好在龙卷中心，由于汽车内外压力相差很大，还会引起汽车爆炸呢！

不会吧！燕博士，
那我们该怎么办啊？

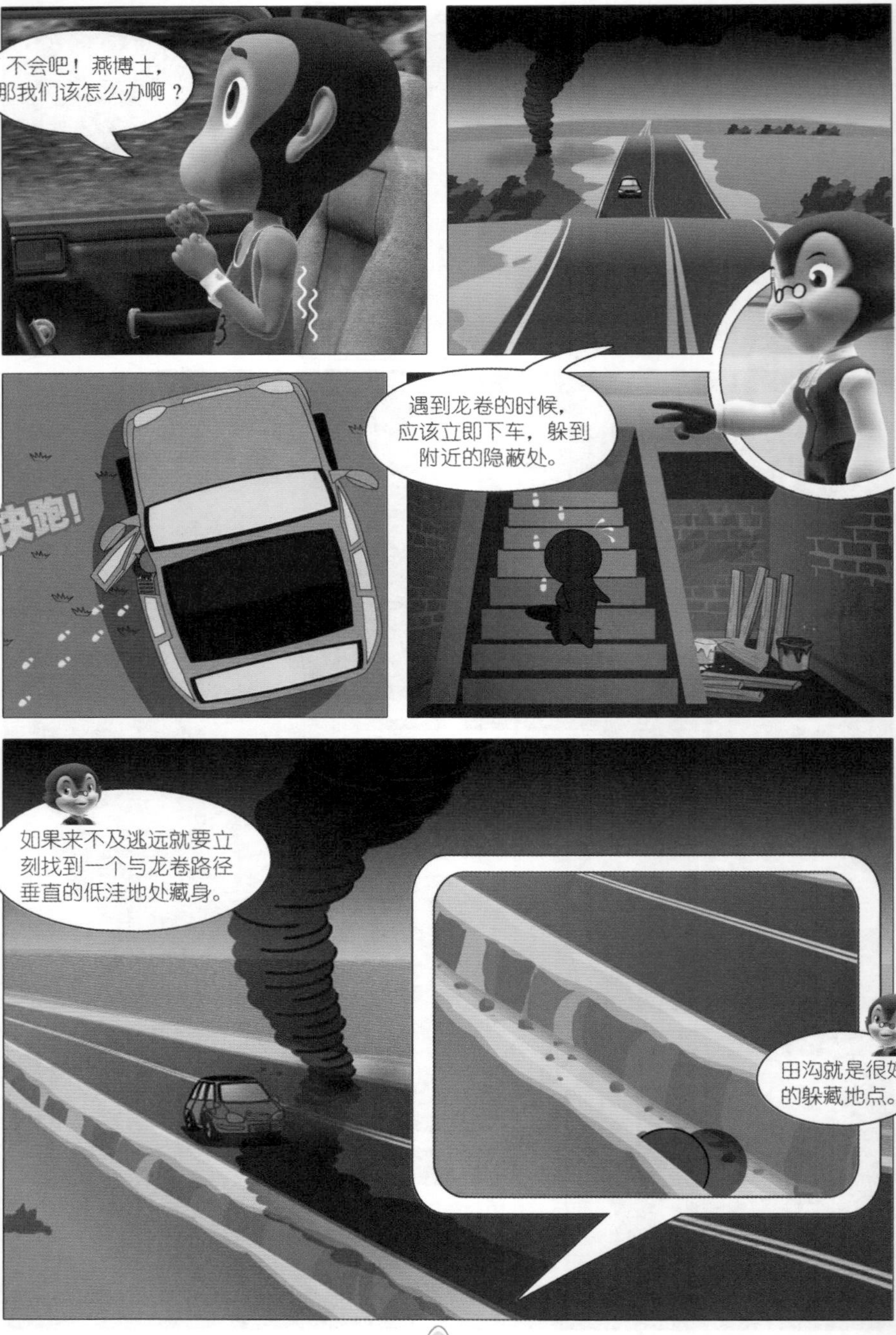

遇到龙卷的时候，
应该立即下车，躲到
附近的隐蔽处。

快跑！

如果来不及逃远就要立
刻找到一个与龙卷路径
垂直的低洼地处藏身。

田沟就是很好
的躲藏地点。

因为龙卷总是
直来直去，要它急
转弯是十分困难的。

可是我们都没有
看到龙卷啊?
小灵狐！我们赶紧
下车躲一下吧！

唉！对了！

瘦瘦猴，你说
会不会是……
嘿嘿！对了！
一定是这样！

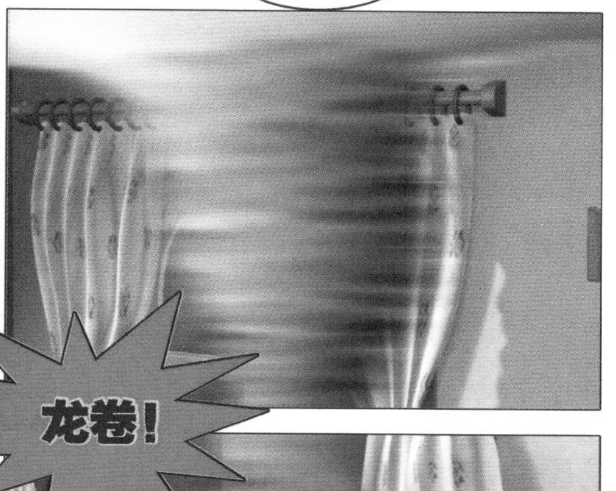

地下室在哪？
龙卷要来了！

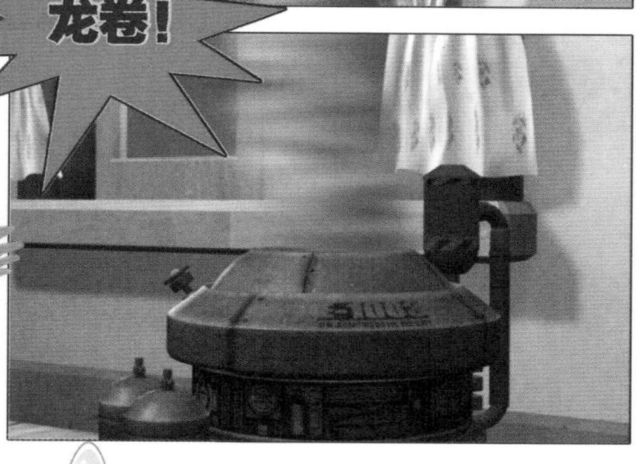
龙卷！

咔嚓!
这是我发明的龙卷模拟发生装置,喷出的气流样子和龙卷相似。
我和瘦瘦猴想拍一部龙卷的电影，所以瘦瘦猴就发明了这个机器。

这个效果可真够逼真，就连我都上当了。

害我们上当，砸了它!

咔嚓!
小心!

啊!
呼呼~

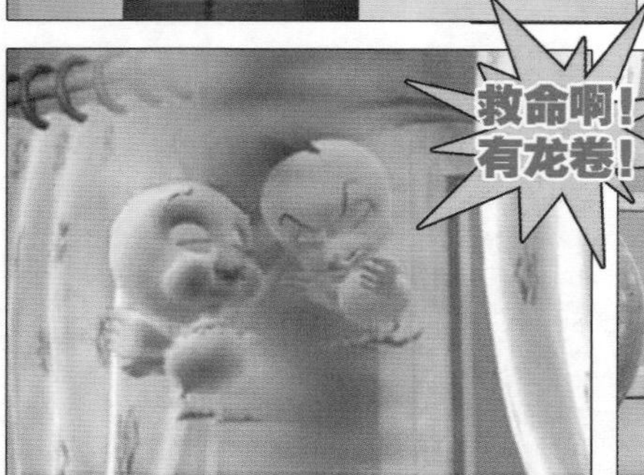
救命啊!有龙卷!

唉……这两个倒霉的家伙!
哈哈哈哈哈哈~
完

什么是“鬼风”——尘卷风？

扫描二维码
观看本集动画

天文学家预告，今晚将有流星雨出现。
听说对着流星许愿，可以实现一个愿望。
要是对着流星雨许愿，不就能实现很多很多的愿望？
今晚有流星雨
最佳观测地点
在北方的风魔谷
好！就去风魔谷！
对了，叫上兔美眉和瘦瘦猴。
大家一起去看流星雨！说走就走！

小灵狐!
想什么呢?
快点啊!
来了,
来了!

哎呀!
快点啊!

瘦瘦猴,小飞碟让我来开吧?

不行!每次小飞碟让你开都会出事!
哎呀!没事,就让我来开嘛!好嘛,好嘛!

真拿你没办法,就让你开一小会儿。要小心哦!
嘿嘿,没问题!
瘦瘦猴,你看!我带了望眼镜看流星雨!

望眼镜？

用它看今晚的流星雨，会更清楚！

我带了照相机！我要把流星雨全部拍下来！

你呢？小灵狐？

我带了愿望！我把所有的愿望都写在了纸上！

到时候，让流星雨帮我实现愿望。

扑通

小飞碟怎么晃动得这么厉害啊？

糟了！开飞碟的是小灵狐！飞碟现在没人驾驶啊！！

啊！

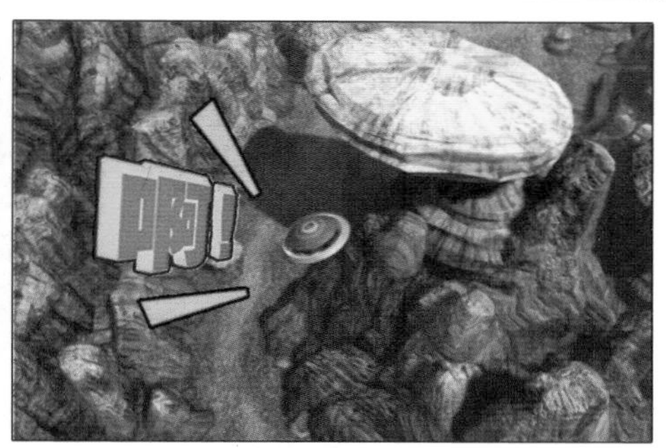

轰

舱门已开启

咳
咳
咳

让我来看看
地图。
这里离
风魔谷已经
不远了。
顺着这个
方向一直走就
能到。
那我们赶紧
出发吧！晚了就赶不
上流星雨了。
可是，我
的小飞碟怎
么办？
没关系的，
回来再说。
这里好安静，
有点怪怪的。

兔美眉，
你要小心！
小心？
小心什么？

这里叫
风魔林。

风魔林？

这么安静的地方会有鬼怪出现的!

瞧!就在你后面!

小灵狐和你开玩笑的，这世上没有鬼!
哈
哈
哈

小灵狐!你!
对不起，开个玩笑嘛!
好啦，继续赶路吧!

唉，今天天气好热啊!
嗯，要不……
现在我们所在的位置是这里。
嗯，往这走就快到了。

兔美眉，你休息下，我和瘦瘦猴去看下地图。

快去看看！
鬼美眉？

一阵风吹过，地图随风而去~

好像有东西碰了我一下，难道是鬼？
好啦，时间不早啦，该出发了。
世界上是没有鬼的。

没有地图前面的路该怎么走啊？
哎呀！地图不见啦！

小灵狐，赶紧联系燕博士吧。让她帮我们想想办法。
哎呀！对啊！我马上联系燕博士。

有什么事吗？小灵狐？

小灵狐把路上遇到的事情和燕博士说了一遍。

这附近还有
很可怕的风声。
我明白了，
卫星显示你们的位置
在风魔林，那里经常
有“鬼风”出现。
你们遇到
的很可能就是
“鬼风”。

鬼风?

“鬼风”又叫尘卷风，
它的形成，主要是在晴热的
午后，太阳光照射强烈，
地面快速升温。

地面上的空气会
强烈的上升运动，形成
定高度的热空气柱。
同时，由于地球自转的缘故，
使得跑向这个空气柱中心的
气流会沿逆时针方向快速旋
转，形成空气旋涡。

这个空气柱
由于温度高，气压就低，
周围的空气就都跑
过来补充。
那它对
我们会造成
危害吗？

这个呀，
你们放心。

由于风速大，气
快速流动，空气柱内
就与它外围四周的
进行交换。

交换的结果使得
空气柱内外的气压逐渐
趋于一致，尘卷风就
消失了。

因此，尘卷风的
寿命很短，一般只有几分
钟，最长不过十几分钟
就不见了。

怪不得，
尘卷风也叫
“鬼风”啊。

好啦，你们
只要一直往北走就
能到风魔谷啦。

天色不早啦，
我们赶紧出发吧。

好！

好！

夕阳已经低垂

愿望，我的愿望。
回来！回来！

完

什么是“火烧风”——焚风

小灵狐，
这是什么呀？

这是我刚从
网上订购的

超级万能空调！

它能吹出冷风，
让这里变得很凉快。

嗯，先看看
说明书吧。

这台万能空调由遥控器控制，
可以模拟各种自然环境。
我来试试！

吱……

嚓……

嗡……

哇，好舒服呀！
哗哗…

真有意思，
让我来玩玩。
这空调可不是
拿来玩的。

没事的。
哔！

嗖嗖……

冷，冷，好冷呀！
哇，太厉害了！
再来试试这个按钮。
抖抖

热，热，好热！
小灵狐！
跳跳

哈哈，太有趣了！

这个按钮
蛮特别的。

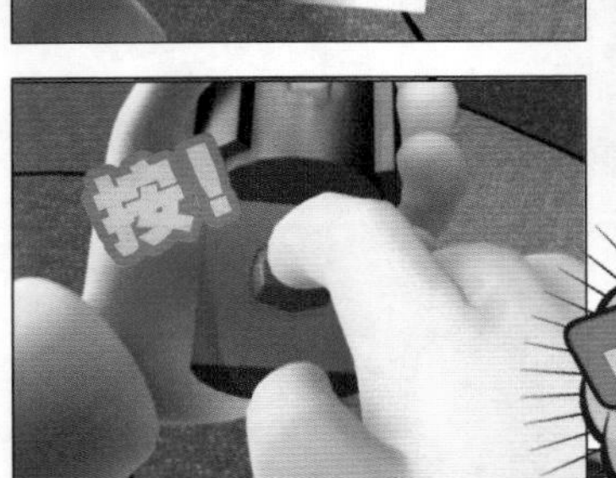
按！

一声巨响，空调烧坏了……
啊！
砰！

咳
咳
咳
咳
咳
咳

小灵狐，
你在干什么！
我，我只想
试试这些按钮。

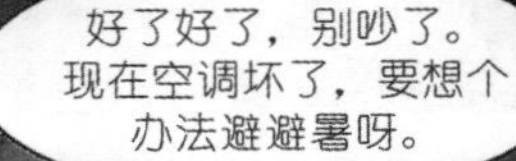
好了好了，别吵了。
现在空调坏了，要想个
办法避避暑呀。

避暑没有什么地方
比海边更好啦，沙滩、
冲浪、晒日光浴。

哼，这么热还去晒
太阳，避暑当然要去山里，
那里凉快。

海边好，
就是海边好！

山里好！

好啦，要去山里还是海边，
我们用抽签来决定吧！

好！

好舒服呀~~~

来了，等等！
瘦瘦猴！

啊！原来是这样的海边呀……
啪嗒
啪嗒
加油！山里清凉的风
正等着我们呢。

快点！
来了，来了！
啪嗒

嗯，那不是
小灵狐吗？

这里还蛮凉快的，
要是再有风吹就更舒服了。
来了来了，
有风了。

哗！哗！哗！
小灵狐，你不是说
山顶很凉快吗？怎么吹下来
的风这么热呀！

是好热呀！

不好，风这么热，
一定是山上着火了！
要是着火，就会
有烟飘到天上，可是
什么都没有呀。
哎呀，
别管那么多，救火要紧，
晚了就来不及了！

快！

着火了，
我们快逃吧！
不行，三色犬
还在山上，我们得去
通知他。

18，19，
20……

这些可都是
我的宝贝呀，收集了这么多
得找个地方藏起来。

哈哈哈

三色犬——

三色犬，大事不好了，
山上着火了！

是唧唧
喳喳呀！

啊！

着火了？这下糟了，
我的宝贝还没藏好呢。

宝贝？
三色犬你身后那个
是什么东西呀！
少废话，山上
着火赶紧逃啊！
抬起

啪嗒
啪嗒

小灵狐，
到底哪里着火了？
奇怪，应该
就在这附近呀。

我们瞎转也不是
办法，不如让燕博士用卫星
看看哪里着火了?
好，
就这么办。
哔！

燕博士，
我们在山里避暑，遇到从山上
吹下来像火烧着似的风。
是小灵狐呀，
有事吗？

哦，那是“火烧
风”，又叫焚风。

降温
空气爬升
高山上，空气流动遇到阻挡时，
就会沿着山坡往上爬，空气一面爬升，
一面降温变冷。

当潮湿的空气
爬到山顶时，
降温
空气爬升
℃
24.0
18.0
15.0
100 200 300 400 500 600 高度

水分
水分
水分
大部分的水分就会凝结，
形成雨或雪降落了。

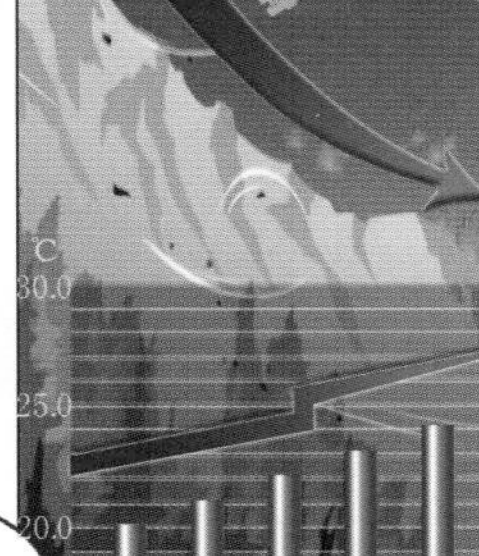
过了山顶后，
空气就会变得很干燥，
越向下温度越高。
空气下滑
升温
℃
30.0
25.0
20.0
15.0
100 200 300 400 500 600 高度

空气下滑
升温

所以当空气吹到山底时，
就变得又干又热，像火烧着的风，
就是“火烧风”了。

哦，不是着火呀，
那我就放心了。

那我们
继续上山吧。
好。

啪嗒
啪嗒

好热的风，看来这火
不小，我们得快点。

三色犬，
这箱子太碍事了，
把它丢了吧。

难道里面藏着
什么好东西？
就是，
让我们看看。
和你们没关系
快走开！

啊！
我的宝贝……
踢！
完

台风是怎样形成的？
扫描二维码
观看本集动画

无敌小飞侠来喽！

瘦瘦猴，在吗？
出来玩滑板吧！

小灵狐，我正在工作，去不了啊！

你看，天气这么好！出来玩一会儿没关系的。

现在已经进入了台风季，我必须守在这里，时刻关注热带气旋的发展状况！

那算了，你忙你的，我自己去玩了。

嘿！小灵狐滑板必杀技……

超级滑板大跳跃

哎呀!

讨厌的台风季，害得
瘦瘦猴都不能陪我玩了。

燕博士!

是小灵狐啊!
燕博士，你这是要上哪去呀？

现在是台风季，我要到气象站去了解台风的情况。

又是台风……
讨厌！我踢!
踢…

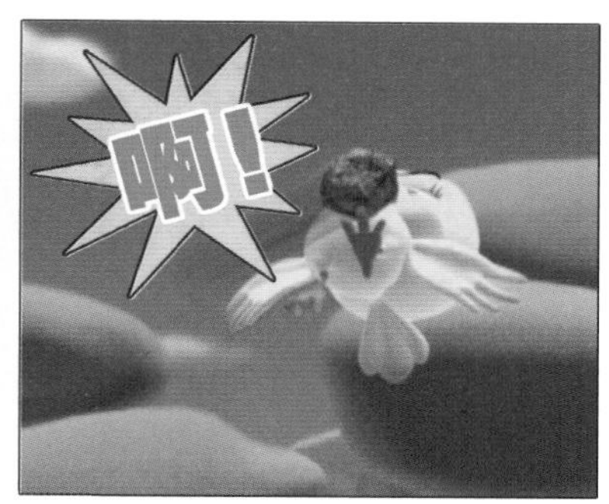
啊!

是哪个家伙干的！敢
拿石头砸我？

原来是小灵狐，
我们去骗骗他。呵呵！
铃铃铃

有短信！
今年第六号台风
已经生成，目前
强度为热带风暴
级，未来可能继
续增强。

可恶，又是台风，
要是能不让它来就好了。

小灵狐，你想让台风
来不了吗？

在海的另一边有一块神秘大陆，那里有山
一样高的巨人，台风就是从这个巨人的嘴里
吐出来的。小灵狐，你敢和巨人战斗吗？
巨人？

我无敌小灵狐，一定要打败巨人，以后森林村的伙伴们就不用受台风的威胁了。

啊！干什么？
你们俩给我带路。

流星号起飞！我们去消灭巨人。

唧唧喳喳，海这么大，巨人的大陆到底在哪？

这个……也许这个巨人躲起来睡觉了。

巨人睡觉？睡着了就吐不了台风了，唧唧喳喳你们不会又在骗我吧？

我们怎么会骗你呢？

你们俩靠不住，
我还是去问燕博士。

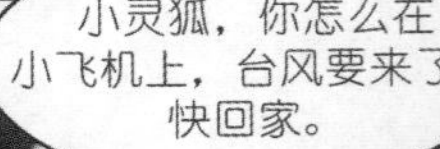
呀！
小灵狐，你怎么在
小飞机上，台风要来了
快回家。

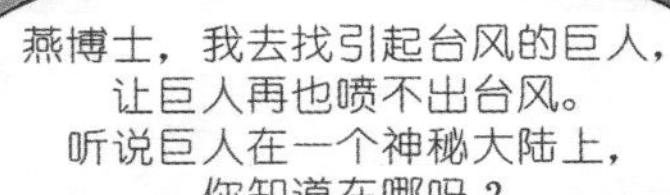
燕博士，我去找引起台风的巨人，
让巨人再也喷不出台风。
听说巨人在一个神秘大陆上，
你知道在哪吗？

根本没有什么巨人，台风
也不是在陆地上生成的。

那台风是从哪来的呢？

台风总是在空气温度和海水温度都很高的热带海洋表面产生。

为什么要在这些地方才能形成呢？

因为这些海面的空气有较高的温度和充沛的水汽。

高温

就像我们在烧开水的时候，会看到水汽往上升，海洋表面的空气也是这样。

周围补充进来的空气

受热上升的空气

周围补充进来的空气

海洋表面的空气受热后，就会往上升，这里的空气压力就会降低，外围空气就会填进来，受地球自转影响，流入的空气开始旋转。

另外，空气中充足的水汽在上升时，发生冷却凝结，凝结放出的热量进一步加热空气，加强空气上升。

空气上升快，地面气压降得也快。空气旋转得就更猛烈。

这就形成了台风。

小灵狐，你们现在在什么位置？

我现在在东经130.7度，北纬7.1度。我们已经飞到这么远的地方了！

糟糕，你所在的位置刚生成一个热带风暴。

40°
20°
20°
台风容易生成的区域
5°
5°
0°
0°
你现在的位置正是台风最容易生成的区域。

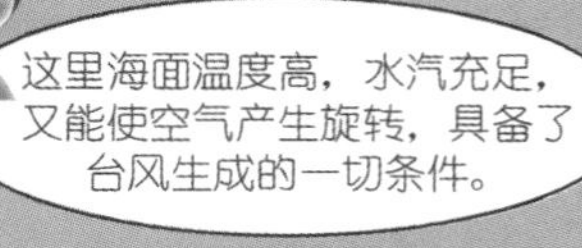
这里海面温度高，水汽充足，
又能使空气产生旋转，具备了
台风生成的一切条件。

此时流星号突然剧烈晃动起来……
怎……怎么回事啊？

啊！

小灵狐，你的飞机已经
进入台风外围了。

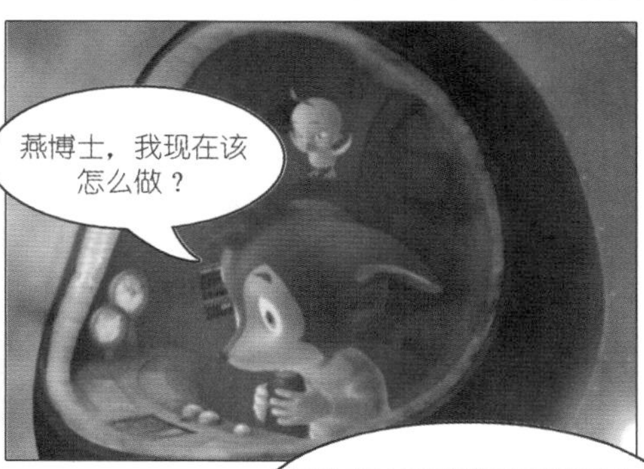
燕博士，我现在该
怎么做？

你现在在台风的南边，
你可以立刻往南飞。

再往南边不是要到赤道了吗？
那儿的温度不是更高，更容易
产生台风吗？

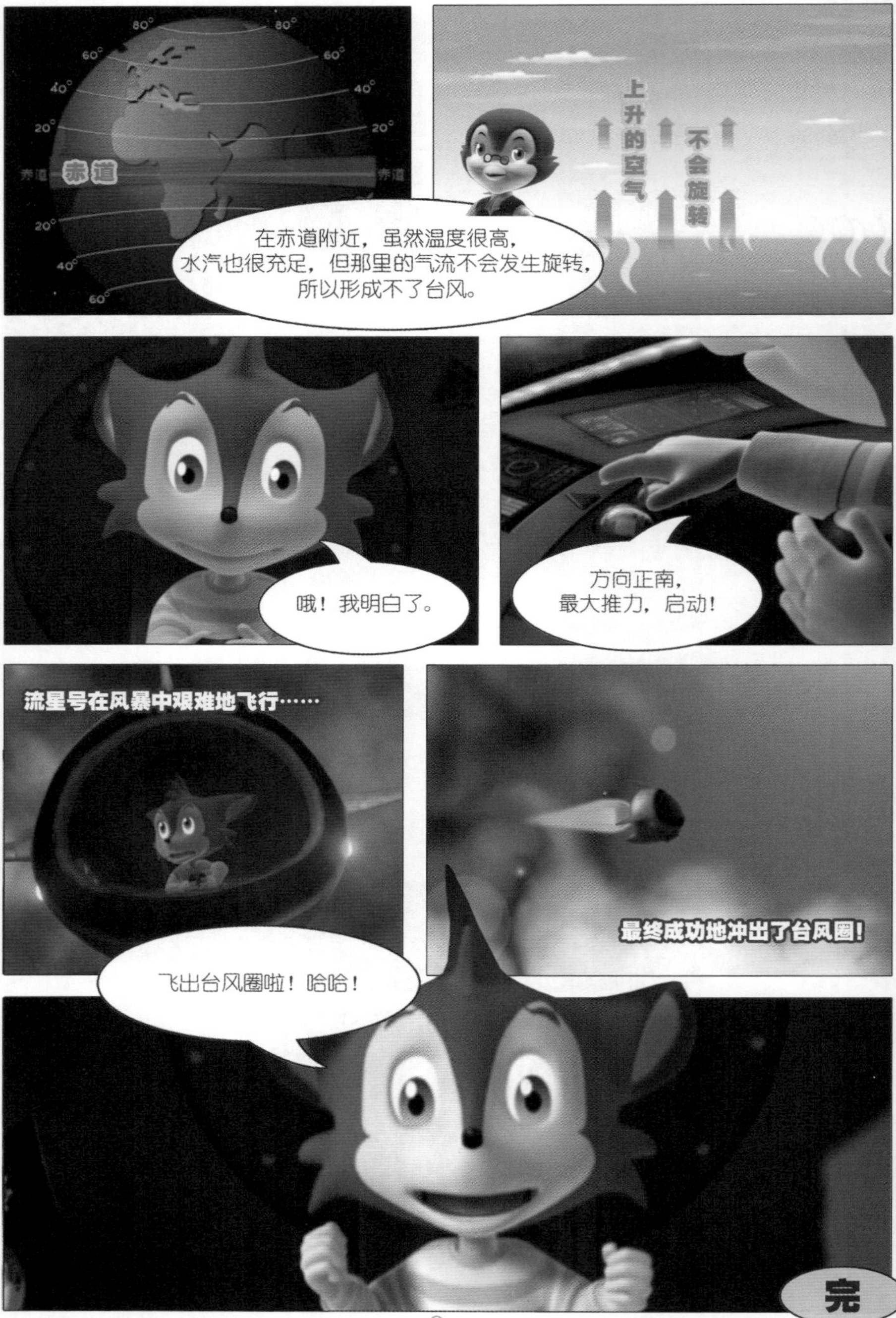

流星号在风暴中艰难地飞行……

最终成功地冲出了台风圈！

飞出台风圈啦！哈哈！

完

为什么要给台风起名字、编号码？

扫描二维码
观看本集动画

蜜蜜，你来一下！
燕博士，什么事呀？
这是去年台风的资料，你帮我把它按照台风的编号和名字整理一下。
台风也有编号和名字呀？
当然了！如果不给它编号和取名字，预报时怎么知道是哪个台风呢？
给台风编号和取名字，方便了气象专家对台风的跟踪和监测。
原来是这样啊，我这就去整理。
我新发明的复制机就要大功告成了！

不知道这复制机行不行。复制两个……
哇
滴滴滴……
开始复制香蕉
复制数量：2
真的复制出来了，不知味道是不是一样！
味道跟真香蕉一模一样！太好了！我成功了！
瘦瘦猴，我敲门你都没听见吗？
开始复制狐狸
复制数量：2
???
啊！

糟了！这是怎么回事？
复制机出了故障乱复制了？

复……复制？瘦瘦猴，
这到底是怎么回事？

咦，怎么多了两个我啊？
瘦瘦猴，你是怎么搞的呀？

你才是多出来的呢，
我是真的！

什么呀？你们都是假的！
我才是真的！

瘦瘦猴和3只小灵狐
一起来到了观测小屋……
啊？怎么有3只小灵狐？
这是怎么回事呀？

我是真的！
看你们的样子
就是假的！
我才是真的！

我头晕，都是我的错！
刚才我的复制机出故障……

哦，原来是这样！
……
……
……

正好人手不够，多两个小灵狐帮忙，多好呀！
有道理，现在按照台风的名字和编号顺序来整理资料吧。
台风的名字是怎么来的呢？
如果我想用我的名字来给台风命名，就叫小灵狐，可以吗？
当然不行！台风的名字是受台风影响比较多的西北太平洋周边的14个国家和地区给出的。
地图上红色部分就是给台风命名的国家和地区
这些国家和地区各推荐10个名字进行循环使用。比如悟空、海燕，是中国起的名字，玛莉亚、韦森特是美国起的名字。

那么编号又是怎么来的呢？

一年中最早形成的就是当年的01号台风，然后按照顺序是02号、03号……

好的，我这就整理。

那么大家开始工作吧，瘦瘦猴整理06号台风的资料，小灵狐就整理07号吧。

你别乱动，那是我要整理的。

明明是我该整理的！

又来了！我头晕！

我有办法了！像给台风编号一样，我们也给小灵狐编号吧！

小灵狐编号：1 2 3

小灵狐1号、2号、3号！
这下可以区分他们了。跟台风编号道理一样，为了区分。

那我们开始工作吧！

大家在观测小屋忙碌起来……
总算把台风资料整理完了！

好累啊!
小灵狐3号，你很累吗？
一看就是个复制品。

啊？我的手？

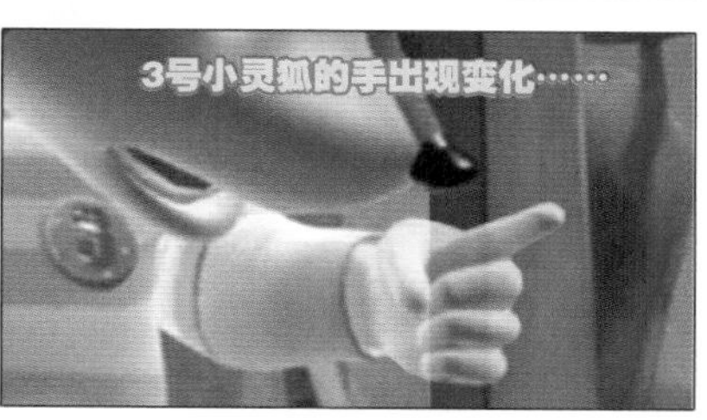
3号小灵狐的手出现变化……

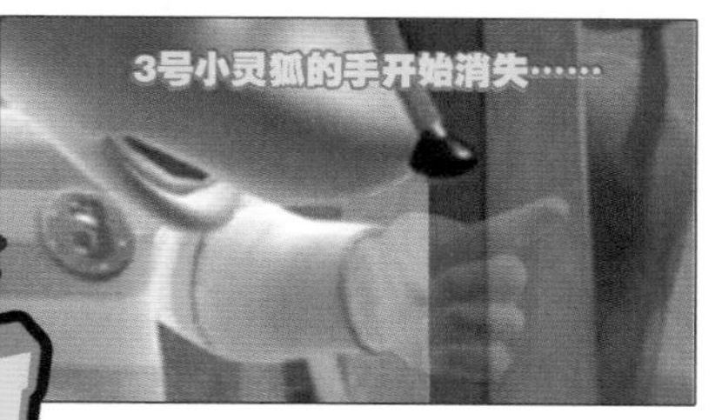
3号小灵狐的手开始消失……
啊

我，我也……
1号小灵狐也开始消失了!

怎么会这样？
看来复制机的功能
并不完善，复制体一段
时间后会自动消失。

谢谢你们帮我们
整理台风资料。

小灵狐2号，
是不是有点难过？

再见！

以后不要再叫我的编号了，
我还是小灵狐啊！

小灵狐2号，
我还觉得挺顺口的嘛！

哈哈哈……

完

台风模拟实验
台风来了怎么办？
扫描二维码
观看本集动画

喳喳，我们去
前面歇个脚吧。

啊！

对不起！不小心
踢到你们了。
对不起？小灵狐，
你等着，我们走着瞧！
STAFF

别走啊！我不是
道歉了吗？唉，算了…

STAFF ONLY
禁止入内
STAFF ONLY
禁止入内？
这是怎么回事？
禁止入内
STAFF ONLY
原来是小灵狐啊
难怪外面这么吵
瘦瘦猴，你在
这儿做什么？
燕博士让我把这儿建成
台风天气模拟实验室，
我正在调试设备。
台风天气模拟实验室？
好像挺有意思的！

瘦瘦猴，让我进去玩玩吧！
不行！不行！还没弄好呢。

是谁？敢在我的地盘上撒野！
是小灵狐！快教训他！

哼！看我把你们踢飞！
踢！
STAFF ONLY
禁止入内
STAFF ONLY

哎呀！
啊！

躲到房子里也没用，看我怎么收拾你！
哐当~~
STAFF ONLY
禁止入内
STAFF ONLY
门关上了……

砰！
砰！
砰！
不行啊！你们快出来！
禁止入内

出什么事了？
好可怕的声音。

欢迎来到台风天气
模拟实验室。

屋子里一台奇怪的机器发出巨大的声响

模拟实验启动，
现在开始答题。

答题？
答什么题？

如果在海上航行时
遇到台风，你们会
采取什么措施？

采取措施？我才不管呢！
继续开船。

回答错误!
正确的答案是迅速采取躲避措施。
收听邻近气象台的海洋气象广播，及时了解海上气象和海浪情况，保障航海安全。
台风警报
迅速采取避让台风的措施
哼！答错了又能怎样？
轰隆！
啊！地面怎么动起来了！
这应该是答错问题的结果，台风模拟器在模拟海上遇到台风时的情况。
哎呀！怎么晃得这么厉害！
此时房间剧烈地晃动，无法站立

燕博士，有没有办法中断模拟实验？
不行，实验室还没调试好，一旦运转就无法停止，除非他们能通过实验。

燕博士！燕博士！快帮帮我。

小灵狐，你别慌，按我说的去做。

如果船已经来不及躲避台风，或者已经进入台风圈，那怎么办？

我……我头晕，不行了，我要吐了！

这种情况下要迅速与海岸上电台联系，弄清楚船只在台风中的位置。

燕博士！答案是什么？

然后迅速果断地采取措施，
驾驶船只离开台风的控制范围。

回答正确！现在请操作舵轮，
让模拟船离开台风控制区。

实验室还在摇晃……
唧唧喳喳！
去操作舵轮。

不对！是这边！
是这边吗？

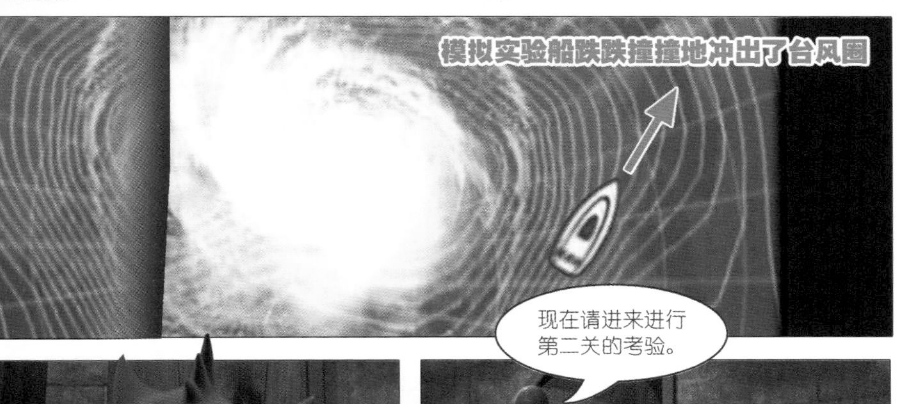
模拟实验船跌跌撞撞地冲出了台风圈

震动终于停下来了。

现在请进来进行
第二关的考验。
怎么还有问题啊！

三色犬完全晕过去了
三色犬是靠不住了，
唧唧喳喳，我们来吧。
现在你们在陆地上，台风就要登陆了，
你们要怎么做？
让我猜猜，
从高处移动到低洼地区，
就像躲避龙卷一样。
错误！台风会带来连续的暴雨，
形成洪水和泥石流，低洼地区反
而危险。
你不懂，就问燕博士，
别瞎猜！
躲避台风时要准备一些
日用品，请从这个房间里
找出来。

燕博士！我需要你的
帮助，嗯！明白了，
唧唧喳喳按我说的做。

这家伙比三色犬
还爱使唤人。
你们快去找这些东西：
手电筒、收音机、食物、饮用水。

待在躲避台风的房间里，
还需要注意什么问题呢？
还需要注意，
不可随意外出。

使用火烛时要小心，
不要造成火灾了。

要检查电路，注意炉火、煤气，
还要检查门窗是否坚固。

各种悬挂的物品要取下来。

那么屋外还要注意什么问题？

清理排水沟

屋外要在台风来临之前，清扫排水沟，以防积水，花木要用支架保护，并修剪枝干。

修剪、固定树木

还要将室外的盆花及易损物品等搬到室内。

如果台风到来时，很重要的一根电线断了，你会怎么处理？

断落的电线绝对
不能自行处理，要通知
电力公司。

回答正确!
恭喜你们通过
模拟实验。

太好了！我们成功了！

都到齐了吗？
没落下谁吧!
没有!

我们赶紧离开这儿!

啊！救命啊！
放我出去！

完

为什么台风有这么大的威力

扫描二维码
观看本集动画

羊爷爷，这是什么？

这是1000年前的罐子。

呀！

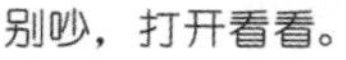
别吵，打开看看。

啊！这是什么呀？

石块上写的是什么呀？

这是古老的文字，上面写着**“海龙王来了，征兰国就要灭亡了！”**

难道真的有传说中的龙吗？

那征兰国在哪呀？

应该就在距离
咱们森林村南面
100千米的地方。

我们赶紧去看看。

可是征兰国早在
1000年前就消失了。
征兰国有没有消失
不要紧，关键是去看看
有没有龙

于是众人来到征兰国……

……这是一个荒芜了多年的小岛

这岛怎么
什么都没有呀？

快来看!

这不是陶罐上的文字吗?

是呀，这应该就是征兰国的遗迹，上面记载着关于海龙王的事。

海龙王?在哪?

上面记载着当海龙王愤怒的时候，会带来狂风和暴雨，破坏整个国家。

看来征兰国人民无法忍受，只好迁移到其他地方生活去了。

那这里有没有说海龙王到底长什么样子？
真遗憾，一个字都没说。

哗哗

今年第八号
台风正以每
小时30千米
的速度往森
林村前进

台风马上
就要来了！
开始刮风下雨了。

发现山洞
前面有个山洞，
我们赶紧躲起来。

外面的风雨
越来越大了。
还好我们躲到这个
山洞里。

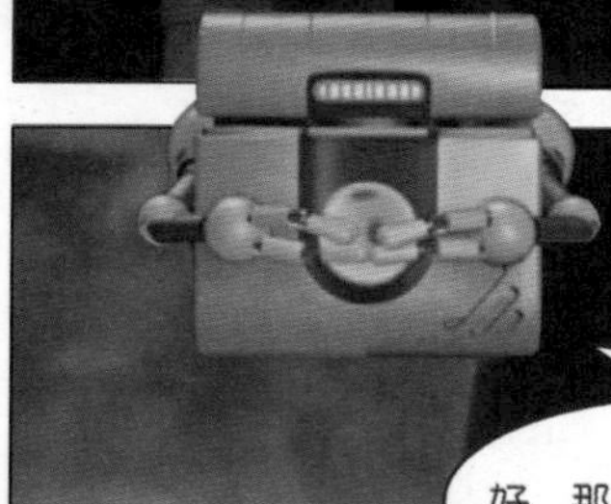
智慧魔方，你快给
我们讲讲台风为什么
这么厉害吧？
好，那我就来说明一下。

台风是一团急速旋转的空气大旋涡。
由于这个空气旋涡很大，旋转速度非常快，所以它有很强的威力。
是不是空气大旋涡都这么厉害？
当这个空气大旋涡的底层中心最大风力达12级或以上时就称为台风。台风分为3个级别。

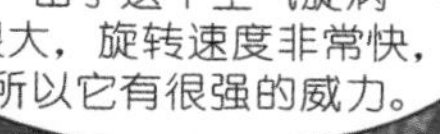

台风
底层中心附近最大风力为12～13级

强台风
底层中心附近最大风力为14～15级

超强台风
底层中心附近最大风力达16级或以上

台风的破坏力
到底有多大？

台风能吹倒房子吗？

就拿超强台风来说，
它的风速可以超过每秒51米。

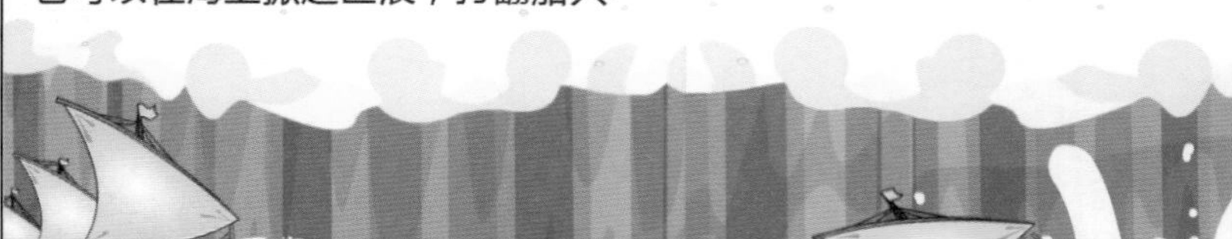

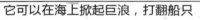

它可以在海上掀起巨浪，打翻船只

把树木连根拔起
在陆地上吹倒房屋

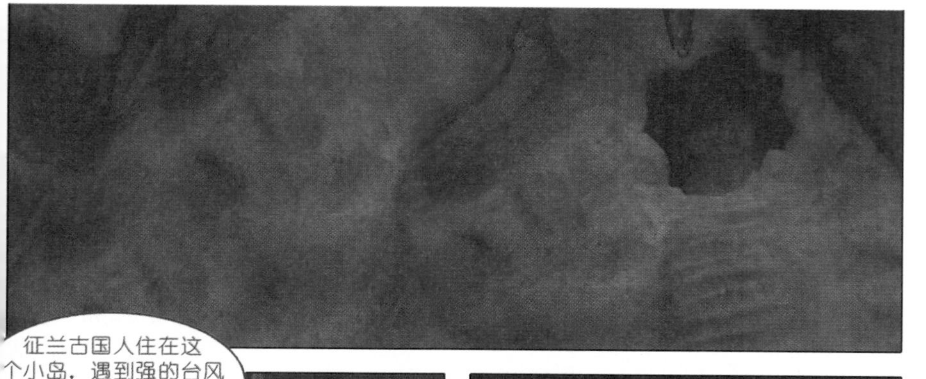

征兰古国人住在这
个小岛，遇到强的台风
肯定受不了，所以才会
躲到山洞来。

糟了
糟了
雨水涌进
洞里来了。

怎么会有这么
多的水呀？

再这样下去，
我们会淹死在这洞里。

我们可以躲到
那个山洞里面去。

这里怎么会有字呀？
上面写的是什么？

当遇到海龙王
袭击的时候可以暂
时在这里躲避。

可是咱们没见
海龙王呀？

我想古人说的海龙
王其实是指台风。

应该是古人不明白台风
产生的原理，所以想象成海龙王
弄来的狂风暴雨。

羊爷爷说的很
有道理呀！

原来是这样啊，
这些古人还真是笨！

小灵狐，你可不能
这么说，如果没有
古代的能工巧匠

留下这些避难场所，咱们早
就被台风刮得无影无踪了。

哇！古人真厉害啊！
这台风这么强，
不知道森林村现在
怎样了？

最好马上联系燕博士。

完

为什么台风登陆后
会下暴雨
扫描二维码
观看本集动画

博士！
是台风吧？

是啊！台风就快在森林村登陆了。你赶紧通知大家注意防范啊！

叮
铃
铃

燕博士，我们在一个岛上，刚才遇到台风了！

什么！
有没有危险啊？

您别着急，台风已经过去了。我们都没事，这就回村里去。

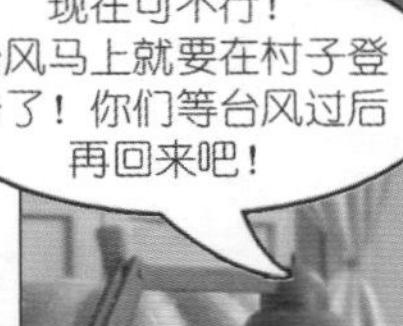
现在可不行！台风马上就要在村子登陆了！你们等台风过后再回来吧！

好的，好的！
燕博士你们要小心啊！

大家请注意！！

台风即将登陆森林村，
请大家做好防范准备！

慌什么！我早就想
好办法了。跟我来！

三色犬，
什么好办法？
别管了，
跟上吧！

那不是
小灵狐的
流星号吗？
小灵狐家

哈哈！
到手啦！

台风来了，
快溜啊！

那不是
三色犬吗？

小蚁弟，你在这
干什么？台风就快来了，
你还不躲一躲？

我看到三色犬和
唧唧喳喳开着
流星号，

往那飞了。

那不是内陆的方向吗？

难道他们想躲到内陆去？

呜……

呜…

台风要来了！那我们怎么办呀？

兔美眉你别哭啊！燕博士肯定会有办法的。

燕博士真的会有办法吗？

当然啦！我们正准备去找燕博士呢！

那我们还等什么？

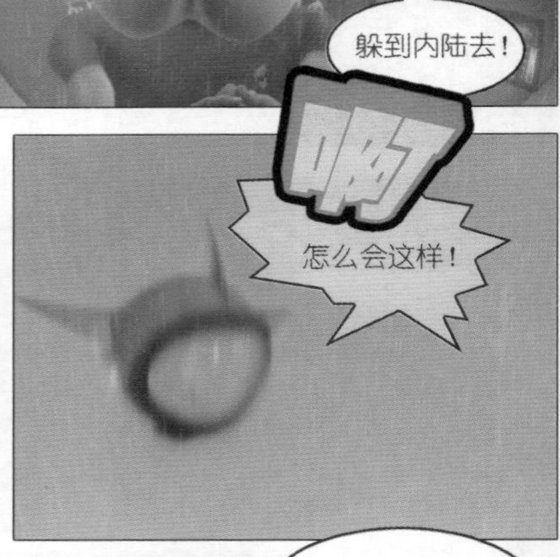

砰!

咦？怎么没看见三色犬和唧唧喳喳呢？

啊，总算安全啦！

我看见三色犬偷了小灵狐的流星号！

和唧唧喳喳一起往内陆方向飞去了！

糟了！他们私自行动，说不定要吃苦头呢！

可是为什么呢？
台风到达内陆的
时候，
不是会
减弱吗？

没错，当台风
到达内陆后，它的强度
会明显减弱。

可是，由台风带来的降水，不但不减，有时反而更大呢！

台风登陆后风力不是减弱了吗？

为什么还会下那么大的雨啊？

这是因为台风是从海洋上来的，它带来了许多能下雨的云团。

台风在海面上时，
海面很平坦，台风
能够快速旋转。

上升

台风内部

台风内部的上升空气，把大量水汽带到高空，凝结成水滴后形成了暴雨。

当它登上陆地后，虽然强度已经减弱了，可是它们经过高山的时候，高山加强了空气的上升运动。

上升
大量水汽
同样也会把大量的水汽带到高空，凝结成水滴，降落到地面上。那么那里的雨就会下得很大。

那台风消失了，还会下暴雨吗？

有时候还是会下暴雨的，因为台风虽然消失了，但它带来的强降水云团停留在某个地方不动时，也会不停下雨的！

所以即使台风登陆以后，大家也不可以麻痹大意哦！

看来三色犬和唧唧喳喳他们有可能会变成落汤鸡啊！

我……我要吐……

头……
头好晕啊……

我全身
都湿透了！

我也一样啊！
我快冻死了！

飞不起来了！

都没有啊

三色犬，
拜托你找个
躲雨的地方！

可恶！
这么大一片
地方，

怎么连个
躲雨的地方

完

气象预警信号小知识

台风预警信号

台风带来的风雨影响常给我国东南沿海地区造成巨大的经济损失和人员伤亡，在台风来临之前，应向人们发布台风警报，让人们提高警惕，提早采取措施，减少群众生命财产损失。

台风蓝色预警信号

表示24小时内可能或者已经受热带气旋影响，沿海或陆地平均风力达6级以上，或者阵风8级以上并可能持续。

台风黄色预警信号

表示24小时内可能或者已经受热带气旋影响，沿海或陆地平均风力达8级以上，或者阵风10级以上并可能持续。

气象预警信号小知识

台风橙色预警信号

表示12小时内可能或者已经受热带气旋影响，沿海或陆地平均风力达10级以上，或者阵风12级以上并可能持续。

台风红色预警信号

表示6小时内可能或者已经受热带气旋影响，沿海或陆地平均风力达12级以上，或者阵风14级以上并可能持续。

台风来临前需要做哪些准备？

我们要……

关紧门窗

关注台风信息

疏散人员

检查炉火和煤气

必要时停课

台风预防指南

台风来了如何避险？
我们要……
将车停到
地下停车场
立即上岸
广告
避开
广告牌
避开铁塔
避开大树
不要住在
帐篷里
将玻璃窗贴上
“米”字胶带